우리아이 처음 배우는

공룡  백과

KB220100

글 해바라기 기획

해바라기 기획은 어린이 눈높이에 맞춰 어린이 책을 기획하고, 원고를 쓰고 있습니다.

그동안 펴낸 책으로는 『1학년이 보는 과학 이야기』 『저학년이 보는 과학 이야기』 『1학년이 보는 속담 이야기』 『저학년이 보는 인체 이야기』 등이 있습니다.

그림 김진경

대학교에서 동양화를 전공하고 아이들을 가르치다가 아이들을 위한 그림을 그리기 시작했습니다.

그동안 그림을 그린 작품으로는 『3학년을 위한 백과사전』 『남대천에 연어가 올라오고 있어요』 『과학 동화』 『식물도감』 『눈의 여왕』 『20년 후』 『선녀와 나무꾼』 『용서』 『1학년이 보는 속담 이야기』 『저학년이 보는 우주 이야기』 『저학년이 보는 곤충 이야기』 『저학년이 보는 공룡 이야기』 등이 있습니다.

우리아이 처음 배우는
공룡백과

초판 3쇄 발행 2015년 7월 10일

발행인 최명산 글 해바라기 기획 그림 김진경
책임 교정 최윤희 디자인 이현정 마케팅 신양환 관리 강수미
펴낸곳 토피(등록 제2-3228) 주소 서울시 서대문구 홍제천로6길 31
전화 (02)326-1752 팩스 (02)332-4672 홈페이지 주소 http://www.itoppy.com

ⓒ 2012, 토피 Printed in Korea
ISBN 978-89-92972-51-2
ISBN 978-89-92972-44-4(세트)

우리 아이 처음 배우는 공룡 백과

글 해바라기 기획 | 그림 김진경

my friend
토피

공룡 백과를 시작하며

아주 오래전, 지구에 사람이 살기 훨씬 더 오래전,
지구에는 공룡이라는 아주 거대한 파충류가
살았어요. 이들의 몸은 단단한 비늘로 덮여
있었고, 알을 낳아 종족을 보존했어요.

공룡은 고기를 먹는 육식 공룡과 식물을 먹는
초식 공룡으로 나뉘어 1억 6000만 년 동안
지구를 지배했답니다.

공룡이 어떤 파충류였는지 잠깐 말해 볼까요?
브라키오사우루스라는 공룡은 키가 아파트
4층 높이가 되었고, 하루에 2톤이나 되는 양의
식물을 먹어치웠답니다.

여러분은 이처럼 거대한 동물이
지구에 살았다는 사실이 믿어지나요?

공룡의 몸은 무슨 색깔일까요?
육식 공룡의 공격 무기는 무엇이었을까요?
초식 공룡은 무엇으로 자신의 몸을 보호했나요?
공룡은 언제부터 언제까지 살았나요?
그때 살았던 공룡은 누구누구인가요?

알면 알수록 놀라운 공룡의 세계!
쿵쾅쿵쾅! 넓은 숲을 달리고, 싸우고, 사냥하는 공룡의 무리!
그럼, 지금부터 타임머신을 타고,
먼 옛날 공룡이 뛰놀던 그때로 가 볼까요?
출발!

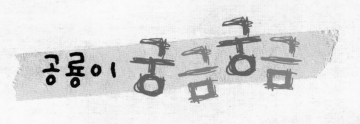

공룡이 궁금궁금

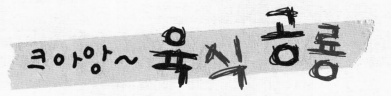
크아앙~ 육식 공룡

쿵쾅쿵쾅 초식 공룡

공룡의 친구들

01 공룡이
무예요?

어떤 동물이 공룡이에요?
공룡의 특징은 무엇일까요? 궁금하지요?
공룡은 중생대에만 살았던 몸집이 큰 파충류예요.
파충류는 지금의 악어, 거북, 도마뱀과 같은
동물을 말해요. 하지만 거북이나 악어는 물속에서도
살지만 공룡은 땅 위에서만 살았답니다. 또 악어나
도마뱀은 몸 양쪽으로 벌어진 다리로 엉금엉금
기어 다녔지만, 공룡은 몸통과 직각을 이루고

거대한 파충류인 공룡은 걸어 다녔어.

몸 아래로 뻗은 곧은 다리로 쿵쿵쿵, 걷거나 뛰어다녔답니다.

공룡이 파충류라고 하지만, 악어나 도마뱀과는 다른 파충류였다는 것을 기억하세요.

공룡은 언제
살았나요?

공룡은 중생대에만 살았다고 했지요?

그럼 중생대는 무엇일까요?

과학자들은 지구가 생겼을 때부터 지금까지를

선캄브리아대, 고생대, 중생대, 신생대로 나누고

있어요. 또 시대마다 몇 개의 '기'로 나누고

있답니다. 그림을 보면 쉽게 알 수 있어요. 공룡은

중생대 트라이아스기가 끝날 무렵인 약 2억

2500만 년 전에 나타나서

백악기가 끝날 무렵인 6500

만 년 전까지 살다가 갑자기

사라졌어요. 공룡이 가장

번성했던 때는 중생대에서도

쥐라기 때예요. 이 시기에는 몸집이 큰 공룡,
작은 공룡, 동물을 잡아먹는 공룡, 풀을 먹는 공룡
등 무척 다양한 공룡들이 나타났어요. 한마디로
쥐라기는 공룡들의 천국이었답니다.

대(代)	기(紀)	세(世)	주요 사건
신생대 6500만 년 전 ~1만 년 전	제4기	홀로세	빙하기가 끝나고 인류 문명 시작.
		플라이스토세	여러 포유류가 번성하고는 멸종. 현생 인류 진화.
	제3기	플리오세	빙하기가 강화됨. 오스트랄로피테쿠스가 나타남.
		마이오세	유인원이 나타남. 포유류와 조류의 과가 생겨남.
		올리고세	포유류와 속씨식물의 진화와 확산.
		에오세	빙하 시대 시작. 원시적인 고래가 생김.
		팔레오세	열대 기후. 공룡 멸종 이후 대형 포유류 등장.
중생대 2억 4800만 년 전 ~6500만 년 전	백악기 1억 4500만 년 전 ~6500만 년 전	후기	공룡의 종류가 가장 많았던 시기.
		전기	말기에 공룡과 많은 생명체 사라짐.
	쥐라기 2억 1300만 년 전 ~1억 4500만 년 전	후기	공룡이 다양하게 번성. 바다에는 암모나이트나 벨렘나이트, 성게, 불가사리 등이 풍부. 최초의 새인 시조새 등장.
		중기	
		전기	
	트라이아스기 2억 4800만 년 전 ~2억 1300만 년 전	후기	
		중기	공룡, 익룡, 악어가 나타남. 어룡 번성.
		전기	
고생대 5억 4300만 년 전 ~2억 4800만 년 전	페름기		대멸종이 일어나면서 많은 생물이 사라짐. 빙하기.
	석탄기		최초의 파충류와 석탄이 될 숲이 나타남.
	데본기		원시 상어 나타남.
	실루리아기		바다 전갈, 연체동물 번성.
	오르도비스기		무척추동물 번성. 빙하기 있었음.
	캄브리아기		최초의 척추동물이 나타남.
선캄브리아 시대 약 38억 년~5억 4300만 년 전	원생대		다세포 동물이 나타남.
	시생대		대륙의 지각 형성.

03 공룡이 살 때 지구는 어땠나요?

공룡이 살던 때는 중생대라고 했지요? 중생대는
지금 우리가 살고 있는 지구의 모습과 달랐어요.

맨 처음 트라이아스기 때
지구는 대륙이 모두 붙어
하나의 덩어리였어요.
기온은 사막의 날씨처럼
덥고 건조했지요.

식물은 은행나무, 침엽수, 소철류, 고사리와 같은
양치 식물이 자라고 있었어요. 꽃이 피는 식물은
없었고, 새도 없었답니다.
이 시기에 코엘로피시스나 플라테오사우루스 같은
공룡이 나타나기 시작했어요. 바다에는 육식
파충류가, 늪에는 악어의 먼 조상들이 살고, 하늘에는
익룡이 날아다녔답니다.
쥐라기 때는 대륙이 조금씩 분리되기 시작했어요.
아프리카와 아메리카가 나뉘고 차츰 바다가
늘어났어요. 기온은 따뜻해지고 습기도
많아졌지요. 비가 많이 오자 식물은 더욱더
우거져 울창한 숲을 이루었어요.

땅에는 브라키오사우루스처럼 거대한 초식 공룡을
비롯하여 다양한 공룡들이 살기 시작했어요.
바다에는 상어, 가오리 등이 나타나고, 하늘에는
시조새가 날기 시작했답니다.
백악기 때는 대륙이 더 나뉘어져 지금의 지구와
비슷해졌어요. 기온은 더욱더 따뜻해졌고,
여기저기 호수가 만들어졌어요. 꽃이 피는 풀과
나무들이 생겨났고, 새들이 많아졌어요. 뿔이 있는
공룡과 오리주둥이공룡이 나타났고, 바다에는
바다 도마뱀 같은 파충류들이 폭발적으로 늘어났어요.
하지만 백악기 말기에 이르러 공룡들은 모두
지구에서 모습을
감추었어요.

공룡이라는 말을 맨 처음 쓴 사람은 누구인가요?

공룡이라는 말을 처음으로 쓴 사람이 궁금하다고요?
그 사람은 영국의 비교해부학자 리처드
오웬이에요. 그 당시 영국의 한 공사장에서 일을
하던 사람들이 땅속에서 커다란 동물
화석을 발견했어요.

화석의 뼈들을 맞춰 보니 도마뱀과 비슷했지요.
사람들은 이 뼈를 '거대한 도마뱀' 이라는 뜻의
'메갈로사우루스' 라고 이름을 붙였어요.
또 얼마 뒤에는 아주 큰 파충류 이빨 화석이
발견되었어요.
그 이빨은 이구아나의 것과 비슷했기에 '이구아노돈'
이라고 이름을 붙였답니다.
1841년 오웬은 이 두 화석을 '디노사우르(Dinosaur)'
라고 불렀어요. 디노사우르는 그리스 말로 '무서운
도마뱀' 이라는 뜻이랍니다.
'디노(dino)' 는 '무서울 정도로 큰 것' 이라는 뜻이
고, '사우르(saur)' 는 '도마뱀' 을 뜻하거든요.
이 말이 동양에 들어오면서 '공룡(무서운 용)' 으로
불리게 되었답니다.

05 공룡이 살았다는 것을 어떻게 알 수 있나요?

'무서운 도마뱀' 공룡! 6500만 년 전에 사라진 공룡이 지구에 살았다는 것을 어떻게 알 수 있을까요? 사진을 찍어 두었을까요? 아니면 그림이라도 그려 놓았을까요? 모두 아니에요. 공룡이 살았던 때는 우리 사람이 살기 훨씬 전이라서 그런 일은 할 수 없었답니다. 그럼 공룡이 살았다는 것을 어떻게 알 수 있을까요?

바로 화석을 통해서랍니다. 화석은 동물이나 식물의 일부나 전체 모양이 돌 속에

이건 어디 뼈야? 윽~ 무거워라.

30

남아 있는 것을 말해요.

학자들은 전 세계 곳곳에서 발견되는 공룡 발자국, 공룡 알, 공룡 뼈 등의 화석을 통해서 공룡이 살았다는 것을 알게 되었답니다. 학자들은 화석으로 발견된 공룡 뼈에 살을 붙이고 몸속 기관 등을 살려 내 온전한 공룡을 만들어 낸답니다.

이 뼈는 어디에 맞추면 될까?

다음은 갈비뼈를 맞추고.

06 공룡의 종류는 어떻게 나누나요?

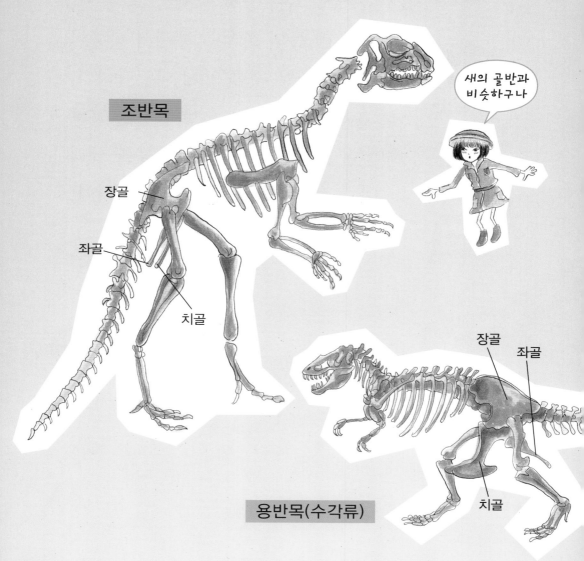

조반목

장골

좌골

치골

새의 골반과 비슷하구나

장골

좌골

치골

용반목(수각류)

중생대에 살았던
공룡은 엉덩이뼈 모양에 따라
크게 '용반목' 과 '조반목' 으로
나누어요. 도마뱀의 골반과

비슷한 공룡은 '용반목' 이라 하고, 새의
골반과 비슷한 공룡은 '조반목' 이라고
하지요. 용반목 공룡은 다시 동물의 고기를 먹는
육식 공룡인 '수각류' 와 식물을 먹는 초식 공룡인
'용각류' 로 나누어요. 하지만 조반목 공룡은 모두
초식 공룡이랍니다. 모든 공룡의 골반은 장골,
좌골, 치골로 이루어져 있어요. 용반류 공룡은
척추와 연결된 장골이 둥글고, 좌골은 뒤로 뻗어
있고, 치골은 앞을 향해 있어요. 조반류 공룡은
치골이 좌골과 나란히 뒤로 뻗어 있어요.
그래서 용반류 초식 공룡들은 네 다리로 걸었지만,
조반류 초식 공룡들은 두 발로 걸었답니다.

07 공룡은 무얼 먹고
살았나요?

공룡의 먹이는 초식 공룡과 육식 공룡에 따라
달랐어요.
긴 목을 가진 초식 공룡들은
나무 꼭대기에 있는 잎사귀를
따 먹었어요.

냠냠
맛있다!

35

턱이 오리 주둥이처럼 생긴 초식 공룡들은
네 발로 걷다가 먹이를 발견하면 뒷발로 딛고
일어나 나뭇가지의 잎사귀를 훑어 먹었어요.
키가 작은 공룡들은 소철과 같은 낮은 식물을
먹었어요.
고기를 먹는 육식 공룡은 힘이 세고 난폭했기
때문에 온순한 초식 공룡들을 사냥했어요.
또 몸집이 작은 육식 공룡은 개구리, 도마뱀과
같은 작은 동물을 잡아먹었어요.
몸집이 큰 육식 공룡은 작은 육식 공룡이
잡은 먹이를 빼앗아 먹거나 다른 공룡의 알을
훔쳐 먹곤 했답니다.

08 공룡 화석만 보고 암수를 알 수 있나요?

"새로운 공룡 화석이 발견 되었대요!"

"그 공룡은 암놈이에요, 수놈이에요?"

안타깝게도 공룡 화석만으로는

암수를 알 수 없어요.

어때?
나 멋있지?

뼈가 통째로 발견되었다고 해도 근육이 남아 있지
않기 때문에 암수를 정확히 알 수는 없답니다.
다만 같은 종인데 어떤 공룡이 더 큰 뿔을
가졌거나 볏의 모양이 다른 경우
수컷일 거라고 추측할 뿐이지요.
왜냐하면 수놈은 더 큰 뿔이나 볏으로 암놈에게
잘 보이려 했을 테니까요.

후훗~
정말 멋있네요.

09 공룡의 몸은 무슨 색깔일까요?

여러분, 책에서 공룡 그림을 본 적 있지요?
피부색이 어떤가요? 초록색도 있고, 갈색도 있고,
점박이도 있지요? 그럼, 이러한 색이 진짜 공룡의
피부색일까요? 아니에요. 실제로 공룡의 피부를
본 사람은 아무도 없어요. 또 공룡의 피부가
발견된 것도 없고요.

예쁜 색으로~

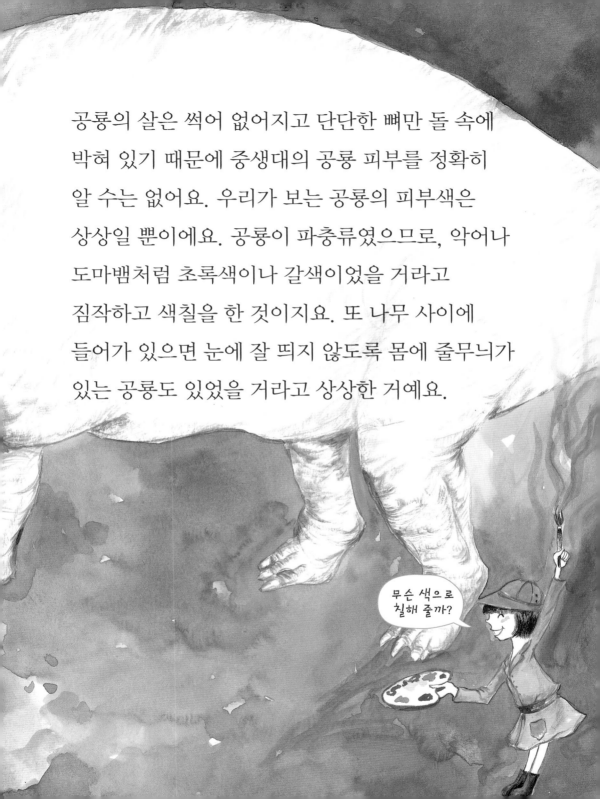

공룡의 살은 썩어 없어지고 단단한 뼈만 돌 속에
박혀 있기 때문에 중생대의 공룡 피부를 정확히
알 수는 없어요. 우리가 보는 공룡의 피부색은
상상일 뿐이에요. 공룡이 파충류였으므로, 악어나
도마뱀처럼 초록색이나 갈색이었을 거라고
짐작하고 색칠을 한 것이지요. 또 나무 사이에
들어가 있으면 눈에 잘 띄지 않도록 몸에 줄무늬가
있는 공룡도 있었을 거라고 상상한 거예요.

무슨 색으로
칠해 줄까?

10 공룡의 피부는 무엇으로 이루어져 있나요?

공룡의 피부야.

공룡의 피부는 도마뱀의 피부처럼
단단한 뼛조각으로 덮여 있었어요.
어떻게 아느냐고요?
아주 드물지만, 갑자기 불어닥친 모래바람에
공룡이 파묻혀 그대로 미라같이 보존된 경우가
있어요. 이러한 공룡들을 보면 파충류처럼
피부가 비늘로 덮여 있는 것을 알 수 있답니다.

11 공룡이 돌을 먹었다는 것이 사실인가요?

"뭐라고요? 공룡이 돌을 먹었다고요?"
사실이에요. 돌을 먹은 공룡은 초식 공룡 가운데
목이 길고 몸집이 큰 용각류랍니다. 디플로도쿠스나
마멘키사우루스와 같은 몸집이 큰 초식 공룡들은
많은 양의 먹이를 먹어야 했어요. 그런데 몸집이
큰 이들이 먹이를 꼭꼭 씹어 배가 부르도록
먹으려면 많은 시간이 필요했어요.

으~. 씹지 않고 너무 많이 먹었나 봐.

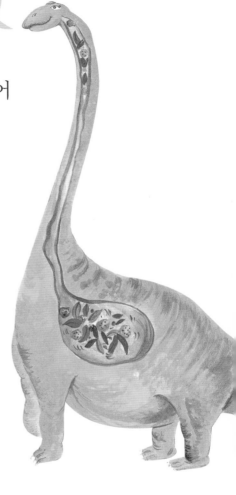

그러게 소화가 잘 되도록 돌을 삼켜야지.

더구나 어금니가 없는
용각류 공룡들이 먹이를 꼭꼭 씹어
먹기란 불가능했답니다.
그래서 이들은 이빨로 자르거나
훑어 낸 나뭇잎이나 나무줄기를
씹지 않고 마구 삼켰어요. 이렇게
위에 들어간 많은 음식물은
당연히 소화가 되지 않았어요.
할 수 없이 공룡들은 작은
돌을 삼켜 돌들이 서로
부딪치면서 음식물을 잘게
부수도록 했답니다.
이 돌을 위석이라고 하는데, 위석 덕분에 아무리
많은 먹이를 먹어도 소화가 잘 되었답니다.
건강하게 살기 위한 공룡들의 지혜가 참 놀라웁지요?

12 공룡도 새끼를 낳았나요?

절대 아니에요. 공룡은 파충류라고 했지요?
파충류는 새끼를 낳지 않아요. 대신 알을
낳는답니다.

수놈과 암놈이 만나 짝짓기를 하면 암놈의 몸 안에
길쭉한 알이 생겨요. 공룡은 몸집이 크므로
알도 클 것 같지요? 전혀 그렇지
않아요. 작은 것은 달걀 정도
크기이고, 큰 것은 축구공
정도랍니다.

하지만 알에서 깨어난 작은 새끼들은 매우 빨리
자라요.
태어날 때 50센티미터 정도인 새끼 마이아사우라는
몇 년이 지나면 9미터의 크기로 자란답니다.
알을 낳은 어미 공룡은 둥지 안에 있는 알들이 눈에
띄지 않게 잘 덮어 두고 새끼들이 알에서 깨어나도록
보살펴 주어요.
특히 '새끼를 키우는 공룡' 이라는 뜻의
마이아사우라는 새끼를 잘 돌본 공룡으로 유명해요.
새끼 공룡들이 이빨로 알을 깨고 나오면 먹이를
가져다주며 정성을 다해
보살폈답니다.

13 공룡의 이름은
어떻게 지어요?

공룡은 이름이 참 많기도 하지요?

그만큼 공룡의 종류가 많기 때문이에요.

그럼, 공룡 이름은 누가 어떻게 지을까요?

공룡의 이름은 공룡 화석을 발견한 지역의

이름을 붙이거나, 발견한 공룡 화석의 특징을

살려서 지어요. 어떤 공룡은 발견한 사람의

이름을 붙이기도 하지요.

몇 가지 예를 들어 볼까요?

트리케라톱스는 '뿔이 3개 있는 얼굴'이라는

뜻이에요. 코 위에 짧은 뿔이 1개, 눈 위에 큰 뿔이

2개 있어서 붙인 이름이지요.

람베오사우루스라는 공룡은 캐나다의 람베가

공룡 화석을 발견해서 그의 이름을 따서 지은
이름이랍니다.
이다음에 우리 어린이 여러분 가운데 누군가 공룡
화석을 발견한다면, 자신의 이름을 붙여 보세요.
와우, 생각만 해도 멋지지요?

내가
좀
크지~

50

14 공룡의 몸집은 어떻게 알 수 있나요?

공룡은 종류가 참 많아요. 그래서 몸집도
다양하답니다. 닭 크기 정도로 작은 공룡도 있고,
4층 건물 높이의 공룡이 있는가 하면 아파트 8층
정도의 몸집인 공룡도 있답니다.
이러한 사실은 모두 공룡 화석을 통해서
알 수 있어요. 머리부터 꼬리까지 잘 보존된
화석을 보면 공룡의 크기를 알 수 있답니다.
하지만 공룡의 몸이 온전하게 화석으로 발견되는
일은 드물어요. 그보다는 공룡 몸의 일부 뼈만
발견되는 일이 많답니다.
이럴 때는 다른 공룡의 뼈와 여러 동물들의 뼈를
비교해서 공룡의 몸집을 상상해 낸답니다.

15 공룡은 모두 네 발로 걷나요?

"동물이니까 당연히 네 발로 걷지요."
"에이, 뭐 그런 시시한 질문을
하세요?" 틀렸어요.
공룡 가운데는 두 발로 걷는 공룡도
있어요.
믿을 수 없다고요?
고기를 먹는 육식 공룡은 모두 두발로
걸었답니다. 육식 공룡은 앞다리가 짧고
뒷다리가 길었어요.
그래서 긴 뒷다리는 걷고 달리는 데 사용하고,
짧은 앞다리는 먹잇감을 사냥하는 데
사용했답니다.

나는 두 발로 걸어요.

날카로운 발톱이 있는 앞발로 먹잇감을 움켜쥐면
절대 놓지 않았지요.
몸을 세우고 뒷다리로 쿵쾅쿵쾅 땅을 울리며
달리는 공룡을 떠올려 보세요.
꼭 한번 만나고 싶지 않나요?

16 육식 공룡의 공격 무기는 무엇이었나요?

육식 공룡은 사냥을 하기에 좋은 여러 가지 무기를
가지고 있었어요.

첫째, 육식 공룡들은 두 발로 걸을 수 있었어요.
그래서 남은 앞발로는 사냥감을 꽉 움켜잡을
수 있었답니다. 둘째는 뾰족하게 휘어진
이빨이에요. 더욱이 이빨에 톱니가
있어서 덥석 문 고기를 쉽게 자를
수 있었지요.

또 강한 턱으로 먹이의 뼈를 으스러뜨릴 수도
있었답니다. 셋째는 발톱이 갈고리처럼 생겨
발톱으로 먹이를 찢을 수 있었어요.
넷째는 꼬리가 길고 튼튼해서 꼬리를 휘둘러
먹잇감을 공격했어요. 다섯째 작은 육식 공룡들은
여러 마리가 무리를 이루어 자신들보다 큰
동물들을 공격했어요.
어때요? 상상만 해도 끔찍하지요?
육식 공룡은 이처럼 뛰어난 공격 무기로
트라이아스기 말기부터 백악기
말기까지 지구를
지배했답니다.

무섭지?

17 초식 공룡은 무엇으로 자신의 몸을 보호했나요?

초식 공룡 가운데 브라키오사우루스와 같은
용각류 공룡들은 성질이 온순했어요.
이 공룡들은 몸집이 무척 컸는데, 큰 몸집
자체가 무기였어요. 사나운 육식 공룡들도
함부로 덤비지 못했거든요.
또 에드몬토니아처럼 온몸을 딱딱한 골판으로
감싸고 있는 공룡들은 육식 공룡들이 덤비면 배를
땅에 대고 엎드렸어요.
그러면 육식 공룡들은 딱딱한 골판 때문에 공격을
하지 못했답니다.
안킬로사우루스처럼 꼬리 끝에 곤봉이 달려 있는
공룡은 꼬리를 휘둘러서 자신의 몸을 보호했어요.

곤봉의 무게가 30킬로그램이나 되어서 한번
맞으면 뼈가 부러져 버리거든요. 힙실로포돈처럼
작은 공룡들은 달리기를 잘해서 육식 공룡이
나타나면 재빨리 달아나 몸을 보호했어요.
마이아사우라 같은 초식 공룡들은 여러
마리가 모여 살면서 육식 공룡이
공격을 하면 힘을 합해
물리쳤답니다.

공룡은 꼬리를
어떻게 하고 걸었을까요?

초식 공룡 가운데 브라키오사우루스나 디플로도쿠스
등의 공룡은 목과 꼬리가 길고 몸집이 아주 커다란
공룡이에요. 하지만 몸집에 비해 머리는 무척
작았답니다. 그런데 상상해 보세요.
그렇게 큰 공룡이 걸음을 걸을 때 긴 꼬리는 어떻게
했을까요?

돼지꼬리처럼 돌돌 말고 걸었을까요,
땅에 질질 끌며 걸었을까요?
육식 공룡들과 다르게
네 발로 걸은 초식 공룡들은
긴꼬리를 든 채 걸었어요.
두 발로 설 때나 걸을 때 긴 꼬리는
몸의 균형을 잡아주는 일을
했답니다.

공룡은 알을 낳는다고 했지요? 알에서 갓 나온
새끼 공룡은 아주 작아요. 하지만 빠르게 자라
몸집이 어느 정도 자라면 천천히 자란답니다.
하지만 신타르수스는 어느 정도 자라면 더 이상
자라지 않았어요. 사람처럼 말이에요.
그런데 마소스폰딜루스는 멈추지 않고 계속
자랐답니다. 그럼 공룡은 몇 살까지 살았을까요?
브라키오사우루스처럼 몸집이 큰 초식
공룡은 백 살 정도 살았어요. 하지만
티라노사우루스는
스물여덟 살
정도밖에 살지
못했답니다.

아무리
크고 늙어도
내 먹잇감이구먼.
흥!

우리나라에도 공룡이 살았을까요?

놀라지 마세요. 우리나라는 세계에서 공룡
발자국이 가장 많이 발견된 곳이랍니다.
경상남도 고성에만 5천 개가 넘는 공룡
발자국이 있고, 경상남도와 경상북도 지역
여기저기에 3천 개가 넘는 공룡 발자국이
있답니다. 대부분 중생대 백악기 때의 공룡
발자국들이어서 이 지역은 백악기 공룡들의
천국이라고 할 만하지요.
공룡 발자국 말고도 공룡 알,
공룡 뼈, 이빨, 발톱,
공룡 똥 등이
발견되어

나도
한 발자국!

우리나라에 공룡이 살았음을 알 수 있어요.
더욱이 2000년에는 경상남도 하동군에서 부경대
학교 연구 팀이 공룡 뼈 화석을 발견하여

나도!

내 발자국도!

‘부경고사우루스’ 라는
우리말 이름을
지어 주었답니다.

21 공룡은 왜 사라졌나요?

1억 6000만 년 동안 지구에 살았던 공룡은
백악기가 끝나갈 무렵에 갑자기 사라졌어요.
도대체 지구에 무슨 일이 있었던 걸까요?
안타깝게도 과학자들은 아직까지 분명한 해답을
얻지 못했어요. 단지 몇 가지 추측을 해 볼
뿐이랍니다.

첫째는 우주를 떠돌던 커다란 운석이
지구에 떨어지는 바람에 공룡이 사라졌을
거라고 해요. 운석이 지구에 부딪히자 많은
먼지가 일어났고, 그 먼지가 하늘을 뒤덮어 햇빛을
가렸다는 거예요. 햇빛을 가리자 기온이 내려가
식물들이 죽고, 식물이 없어지자 초식 공룡들이

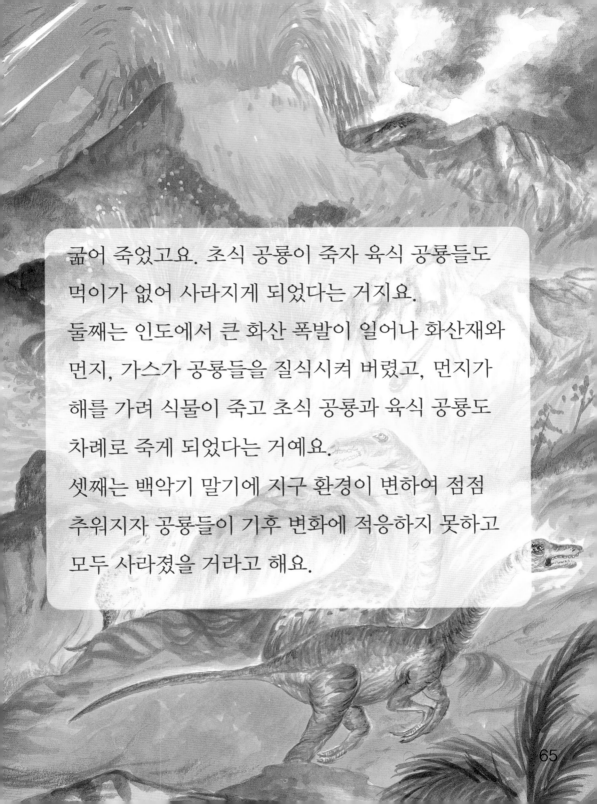

굶어 죽었고요. 초식 공룡이 죽자 육식 공룡들도
먹이가 없어 사라지게 되었다는 거지요.
둘째는 인도에서 큰 화산 폭발이 일어나 화산재와
먼지, 가스가 공룡들을 질식시켜 버렸고, 먼지가
해를 가려 식물이 죽고 초식 공룡과 육식 공룡도
차례로 죽게 되었다는 거예요.
셋째는 백악기 말기에 지구 환경이 변하여 점점
추워지자 공룡들이 기후 변화에 적응하지 못하고
모두 사라졌을 거라고 해요.

22 갈리미무스
Gallimimus

"으엉? 금방 어디로 갔지?"

눈 깜짝 할 사이에 달아나는 공룡을 보았다면
그것은 분명 갈리미무스예요. 갈리미무스는
자신을 노리는 육식 공룡이 나타나면 쌩! 하고
재빨리 달아나 버린답니다. 생김새도 마치 타조
같아서 이름도 '닭을 닮았다.' 는 뜻이지요.
부리처럼 생긴 입에는 이빨이 없고, 눈은
시력이 좋아 멀리 있는 먹이도 잘 볼 수
있었어요. 튼튼한 뒷다리에는 발가락이 세 개
있고, 짧은 앞발은 길고 휘어진 발톱이 있어서
먹이를 잡기 좋았답니다. 긴 꼬리는 몸의 균형을
잡아 주었어요.

69

23 기가노토사우루스

Giganotosaurus

기가노토사우루스는 육식 공룡 가운데
가장 큰 공룡이에요.
몸무게가 8톤 정도였으니 정말 어마어마하지요?
성질은 얼마나 사나운지 자신보다 더 큰 공룡도
잡아먹을 만큼 무시무시했어요.

나는 성질이
매우 사나워.

먹이를 발견하면 날카로운
발톱이 있는 앞발로
움켜쥐고는 톱니처럼 생긴
이빨로 잘라 먹었어요.
냄새를 잘 맡았고, 다른 공룡이
잡은 먹이를 빼앗아 먹곤 했어요.
좀 얌체지요?

24 데이노니쿠스

Deinonychus

데이노니쿠스는 뒷발에 낫처럼
생긴 긴 발톱이 있었어요.
발톱은 크기가 12센티미터
정도 된답니다.
그래서 이름도 '무시무시한 발톱' 이라는 뜻을
가지고 있어요. 데이노니쿠스는 위아래로 움직이는
이 발톱으로 동물의 살을 쉽게 쫙 찢었어요. 다른
공룡보다 뇌가 커서 무척 영리했던 데이노니쿠스는
여럿이 무리를 지어 자신보다 훨씬 큰 몸집의 초식
공룡들을 공격했어요. 사냥을 할 때는 튼튼한
뒷다리로 날쌔게 달려, 높이 뛰어올라 먹이를 콱
물었어요. 그러고는 고개를 사납게 흔들어

사냥감의 목숨을 끊었답니다.
가장자리가 톱니처럼 생긴
날카로운 이빨은 먹이를
싹둑 잘라 버릴 수 있었어요.
와, 생각만 해도 무섭지요?

25 드로마에오사우루스

Dromaeosaurus

데이노니쿠스처럼 뒷발에 낫처럼 생긴 긴 발톱이
있었어요. 8센티미터나 되는 이 발톱으로 먹잇감을
찢으면 당해낼 수가 없었지요. 몸은 작지만
뒷다리가 튼튼하고 무척 날렵해서
잘 달렸어요.

뇌가 커서 영리했던 드로마에오사우루스는
데이노니쿠스처럼 여러 마리가 무리를 지어
자신보다 훨씬 큰 공룡을 공격했어요.
데이노니쿠스와 친척이라고 할 정도로 비슷한
점이 많지요?

드워프알로사우어

Dwarfallosaur

이름이 '난쟁이 알로사우루스' 라는 뜻이에요.
육식 공룡인 알로사우루스의 후손이지만,
알로사우루스보다 몸집은 작았어요.

먹잇감을 사냥할 때는 몰래 숨어 있다가
새끼들을 데리고 자리를 옮기는 공룡들에게
덤벼들곤 했어요.
성질이 무척 사나운 공룡이랍니다.

27 딜로포사우루스
Dilophosaurus

크아앙~
무섭지?

"크아앙~ 어때 무섭지?"

딜로포사우루스는 머리에 두 개의 벗이 있는
공룡이에요. 콧구멍에서 머리 꼭대기까지 반달
모양으로 있는 이 벗은 키를 커 보이게 해서
상대방에게 겁을 주거나, 짝짓기를 할 때 암컷의
눈을 끌기 위한 것이었어요. 하지만 뼈로 된 얇은
벗이어서 무기로 쓰지는 못했답니다.

다른 육식 공룡보다 몸이 가벼웠고, 발목이 땅에서
약간 떨어져 있어서 발끝으로 걸었어요. 덕분에
무척 잘 달릴 수 있었지요. 이빨은 날카롭지만
가늘어서 물어뜯는 힘은 약했어요. 대신 날카로운
발톱으로 먹이를 찢어 먹었답니다.

오~!
멋진 벗인걸!

28 메갈로사우루스

Megalosaurus

공룡 가운데 가장 먼저 이름을 갖게 된
공룡은 누구일까요?
궁금하지요? 바로 메갈로사우루스예요.
'거대한 도마뱀'이라는 뜻의 이 공룡은 성질이
무척 사나웠어요. 그뿐이 아니라 몸의 구조가
사냥하기에 알맞아서 메갈로사우루스보다 몸집이
큰 초식 공룡들도 벌벌 떨었답니다.
눈이 좋고 냄새도 잘 맡아서 먹잇감을 쉽게
발견했어요. 이빨은 작지만 날카롭고, 부러지면
그 자리에 다시 이빨이 났어요.
짧은 앞다리에 갈고리 같은 발톱이 있어서 먹이를
움켜쥐거나 찢기 좋았어요.

뒷다리는 크고 튼튼했고,
꼬리는 몸의 균형을 잘 잡아 주었어요.
사냥을 할 때는 이 꼬리를 힘차게 휘둘러
먹이를 꼼짝 못하게 했답니다.

29 미크로랍토르
Microraptor

공룡 가운데 1미터도 안 되는 공룡이 있대!"
"그럼, 그 공룡이 가장 작은 공룡이야?"
그렇답니다. 바로 미크로랍토르이지요.
이름은 '작은 약탈자' 라는 뜻이랍니다.
지금까지 발견된 공룡 가운데 몸집이 가장
작은 공룡이에요. 몸 길이는 80센티미터,
몸무게는 1킬로그램 정도랍니다.
생김새도 다른 공룡들과는 좀 달라요. 네 개의
다리 모두에 날개가 달려 있었거든요. 또 다른
공룡들이 두 개의 가슴뼈를 가지고 있는데 비해,
이 공룡은 평평한 하나의 뼈를 가지고 있답니다.
깃털로 덮인 날개 덕분에 나무와 나무 사이를

점프하듯이 날아다녔지만,
오래 날지도, 또 높이 날지도 못했어요.
온몸에 난 깃털은 체온을 유지해
주었답니다.

30 벨로키랍토르

Velociraptor

이 공룡의 이름은 '날쌘 도둑' 이라는
뜻이에요. 몸놀림이 재빠르고 빨리 달려서
붙은 이름이지요.

짧은 앞발은 위아래뿐 아니라 왼쪽 오른쪽으로도
움직일 수 있었어요. 뒷발의 두 번째 발톱이 낫처럼
생겼는데, 사냥을 할 때면 앞으로 튀어나와
적에게 상처를 입혔어요. 평소에는
이 발톱이 땅에 닿지 않도록
위로 올리고 다녔어요.

왜냐고요? 발톱이 땅에 닿으면 닳아
없어지기 때문이지요. 머리는 길쭉하고 입은
납작하며 이빨은 날카로웠어요. 머리도 영리해서
무리를 지어 사냥을 했는데, 사냥감을 향해 높이
뛰어올라 뒷다리에 있는 날카로운 발톱으로
찍었답니다.

벨로키랍토르, 참 대단하지요?

사우로르니토이데스

Saurornithoides

길쭉한 머리와
가늘고 긴 꼬리가 있었어요.
다리는 길고 가늘어서 빠르게
달릴 수 있었어요. 그래서 이름도
'새 모양의 도마뱀'이라는 뜻이랍니다.
왕방울만 한 눈은 무척 밝아서 어두운 곳에서도
도마뱀이나 곤충, 작은 동물들을 잡아먹었어요.
짧은 앞발에 가늘고 긴 발가락을 가지고 있어서
먹잇감을 잘 잡을 수 있었고, 뒷발의 두 번째
발가락에 갈고리처럼 휜 날카로운 발톱이 있어서
적을 공격할 때 무기로 이용했어요.
머리도 영리했답니다.

냠냠 맛있다!

오~ 등 무늬가 화려한걸!

32 스피노사우루스

Spinosaurus

"와, 저것 봐! 등에 돛을 단 공룡이야!"

"이름을 알려 줄까? 스피노사우루스야."

스피노사우루스는 '가시 도마뱀' 이라는 뜻이에요.
등에 부챗살 같은 돛이 달려 있어서 붙여진
이름이지요.

이 돛은 높이가 2미터나 될 정도로 커서 다른
동물들은 스피노사우루스를 보면 겁을 먹었답니다.
돛 안에는 막대처럼 생긴 뼈가 있어서 몸의 형태를
유지해 주었어요. 또 돛 안에 많은 실핏줄이 흐르고
있어 몸이 더울 때나 추울 때 몸의 온도를 조절해
주었어요. 몸은 무거웠지만 몸매가 날렵하고
뒷다리가 튼튼해서 달리기를 잘했어요.

초식 공룡도 잡아먹었지만, 물가나 늪지대에
살면서 물고기도 잡아먹었답니다.

먹잇감
발견!

33

아크로칸토사우루스

Acrocanthosaurus

이름의 뜻이 '등뼈가 튀어나온 도마뱀' 이에요.
이 공룡의 가장 큰 특징이 무엇인지 짐작할 수
있겠지요?
맞아요.
아크로칸토사우루스는 목에서
꼬리까지 등뼈가 튀어나온 것처럼
돌기가 솟아 있었어요.
60센티미터쯤 되는 이 돌기가 목과 꼬리의
근육을 지탱해 주었지요.
뒷다리는 강하지 않았지만, 꼬리는
아주 튼튼했어요.
자신보다 몸집이 훨씬 큰 초식 공룡을

잡아먹었고, 썩은 고기도 즐겨 먹었어요.
아크로칸토사우루스의 몸무게가 2톤이나 되었으니
그 큰 몸을 유지하려면 얼마나 많은 양의 먹이를
먹어야 했는지 상상이 되지요?

알로사우루스

Allosaurus

나는 성질이
사나운 공룡이야.

"크아앙, 크아앙! 쿵쾅쿵쾅!"

놀라지 마세요.

알로사우루스는 쥐라기 때의 육식 공룡
가운데 가장 크고 강한 공룡이에요.

머리 크기만 1미터이고, 키는 4미터가 넘었어요.

그래서 이름도 '특별한 도마뱀' 이라는 뜻이에요.

성질이 어찌나 사나운지 같은 육식 공룡은
말할 것도 없고, 자신보다 더 큰 초식 공룡들도
잡아먹었어요.

튼튼한 턱과 날카로운 이빨에 작은 톱니까지
있어서 고기를 꽉 물고 뜯기 쉬웠어요.

뒷발가락은 4개, 앞발가락은 3개예요.

앞발가락에는 날카로운 발톱이 있었어요.

35 알리오라무스
Alioramus

머리가 좁고 주둥이가 길었어요. 주둥이 위에
작은 뿔이 6개 있었는데 무기로 쓰이지는 않았어요.
그저 암컷과 짝짓기를 할 때 암컷에게 잘 보이기
위한 것이었어요. 알리오라무스는 먹잇감을 사냥하는
방법이 독특했어요. 배가 고프면 작은
초식 공룡들이 지나가는 길목에 납작하게
엎드려 있다가

도망가자!

살려 줘~

지나가는 초식 공룡들을 순간적으로
덮쳐잡았거든요.
"오호라, 저기 오고 있군. 애들아, 덤벼!"
여러 마리가 떼를 지어 공격을 하면 초식 공룡들은
꼼짝을 못하고 당할 수밖에 없었답니다.

95

양추아노사우루스

Yangchuanosaurus

1978년 중국의 양춘에서
화석을 발견하여 '양춘의 도마뱀'
이라는 뜻의 이름을 갖게 되었어요.
몸 길이가 10미터나 되고 몸무게는
4톤이나 되었지만 몸놀림은 재빨랐어요.
턱은 어찌나 강한지 동물의 뼈도 으스러뜨릴
정도였지요.
날카로운 이빨은 톱니처럼 생겨 먹이를 갈기갈기
찢을 수 있었어요. 뒷다리는 길고 튼튼했으며,
앞다리는 짧았어요. 꼬리는 몸 길이의 절반이나
될 정도로 길었어요. 긴 꼬리로 사냥감을
후려치면 작은 초식 공룡들은 몸의 중심을

잃고 쓰러졌답니다.

그 틈을 타 날카로운 이빨을 사냥감의 몸에 깊이

박고 강한 턱으로 먹이를 콱

물었답니다.

37 에오랍토르

Eoraptor

에오랍토르는 2억 3000만 년 전, 트라이아스기
때 공룡이에요.
중생대 초기의 공룡으로, 처음으로 지구에
모습을 드러낸 공룡이지요.
몸집이 작고 날렵해서 먹이를 발견하면 쏜살같이
달려가 잡았어요. 달리는 속도는 그 어떤 파충류
보다도 빨랐답니다. 두 발로 걸었는데,
몸에 비해 뒷다리가 길었어요.
앞발에는 발가락이 5개 있고,
다섯 번째 발가락은
작았어요. 성질이
사나워서 작은

포유류나 도마뱀 등을 쉽게 잡아먹었어요. 나뭇잎
모양의 이빨과 톱니처럼 생긴 이빨이 함께 나
있어서 먹이를 쉽게 자를 수 있었답니다.

38

오비랍토르

Oviraptor

"억울해요. 난 알 도둑이 아니라고요!"
이게 무슨 말이냐고요? 맨 처음 이 공룡의 화석이
발견되었을 때 알과 함께 발견되었어요. 학자들은
이 공룡이 다른 공룡의 알을 훔친 것으로 알았답니다.
그래서 이름을 '알 도둑' 이라는 뜻의 '오비랍토르'
라고 지었지요. 하지만 나중에 그 알은 오비랍토르의
알인 것으로 밝혀졌답니다. 오비랍토르가 알을 품고
새끼를 돌보았던 것으로요.
그리하여 알 도둑이라는 누명을 벗었답니다.
오비랍토르는 주둥이와 머리 위에
뼈로 된 둥근 볏이 있었어요.
육식 공룡이지만 입은 부리처럼

생겼고 이빨도 없었어요. 대신 주둥이 안에
구부러진 한 쌍의 작은 돌기가 있어서 이
돌기로 알을 물을 수 있었답니다.
뒷다리는 튼튼해서 빨리 달릴 수 있었고,
앞발에는 긴 발가락이 3개 있어서 물건을 움켜쥘
수 있었어요.

39

코엘로피시스

Coelophysis

"저 공룡 좀 봐. 정말 빨리 잘 달린다. 쟤는 누굴까?"

"코엘로피시스야. 뼛속이 비어 있어서 몸이 아주 가볍대."

맞아요.

코엘로피시스는 뼈가 얇고 속이 비어서 재빠르게 움직일 수 있었어요.

좋아하는 먹잇감은 도마뱀이나 작은 포유류들이었지만, 여러 마리가 떼를 지어 큰 공룡을 공격하기도 했어요.

또 성질이 잔인해서 동족의 새끼를 잡아먹기도 했답니다.

목이 길고 유연했으며, 머리도 길었어요.

뒷다리가 튼튼해서 빨리 잘 달렸고, 앞다리는 짧지만 뾰족하고 휘어진 발톱이 있어 먹이를 꽉 움켜잡을 수 있었답니다.

40 콤프소그나투스

Compsognathus

"어머, 너도 공룡이니? 왜 이렇게 작아?"
무시하지 마세요. 콤프소그나투스도 공룡이랍니다.
비록 크기가 닭과 비슷하지만, 쥐라기의 숲을
누비고 다닌 날쌘돌이랍니다. 몸은 날씬했고
새와 비슷한 다리로 빠르고 민첩하게
움직였지요.
머리는 작고, 아래턱은 얇고 약했지만, 촘촘히 나
있는 날카로운 이빨로 도마뱀이나 곤충, 벌레 등을
찢어 먹었어요. 가늘고 긴 뒷다리로 빨리 달릴 수
있었고, 짧은 앞발에는 발가락이 2개뿐이었지만
먹이를 잡기에는 충분했어요. 곧고 길게 뻗은
꼬리는 달릴 때 몸의 균형을 잡아 주었답니다.

41 타르보사우루스
Tarbosaurus

"너, 혹시 티라노사우루스니?"

"무슨 소리야. 난 타르보사우루스야. 헷갈리지 마!"

왜 이런 말이 나왔을까요?

그것은 타르보사우루스가 티라노사우루스와
무척이나 비슷하기 때문이랍니다.

너, 혹시
티라노사우루스니?

머리뼈가 비어 있어서 머리가
무척 가볍고, 날카로운 이빨이
있지만 아래턱뼈는 강하지
않았어요. 그래서 스스로 사냥을
해서 먹이를 얻기보다는 다른
동물이 잡아 놓은 먹이를 빼앗아
먹거나 죽은 고기를 먹었답니다.

뒷다리는 길고 튼튼했으며 발가락은 4개였어요.
앞다리는 짧고 발가락은 2개였지만, 힘이 세고
날카로운 발톱이 있었어요.

난
타르보사우루스야!

42 테리지노사우루스

Therizinosaurus

이 공룡의 이름은 '큰 낫 도마뱀' 이라는
뜻이에요. 앞발에 낫처럼 생긴 긴 발톱이
3개 있어서 붙여진 이름이에요.
앞발의 첫 번째 발톱은 무려 60센티미터나
돼요. 이 무시무시한 발톱은 적과 싸울 때 훌륭한
공격 무기로 쓰였어요. 머리는 작고, 목은
길었으며, 발가락이 4개인 뒷발은 짧고
넓적했어요. 두 발로 걸었지만 가끔은
네 발로 걸었답니다. 몸집이 커
움직임은 빠르지 않았어요.

내 발톱
무섭지?

43 트루돈
Troodon

공룡 가운데 누가 머리가 제일 좋을까요?
그 주인공은 바로 트루돈이에요.

트루돈은 몸집에 비해 머리가 컸어요. 그래서
머리가 좋았을 거라고 예상된답니다. 이 공룡은
영리한 머리로 같은 트루돈끼리 떼를 지어 사냥을
했어요.

또 눈이 커서 밤에도 사냥할 수 있었고, 눈이 앞을
향해 있어서 사물의 위치도 잘 파악했어요.

이뿐만이 아니라 날렵한 몸매와 긴 다리로
재빠르게 움직여 사냥을 아주 잘했답니다.

하지만 턱이 약해서 작은 포유류나 도마뱀 등을
잡아먹으며 살았어요.

44 티라노사우루스

Tyrannosaurus

공룡 가운데 가장 힘이 세고 사나운 공룡,
티라노사우루스!

정확한 이름은 '티라노사우루스 렉스'예요.
'폭군 도마뱀'이라는 뜻이지요. 몸무게가 7톤,
몸 길이는 12미터나 돼요. 냄새를 잘 맡는 코와
얼굴 정면에 있는 눈, 톱날이 있는 날카로운
이빨로 산 공룡을 비롯하여 죽은 동물도
먹어치웠어요. 특히 톱날이 있는 이빨은
20센티미터나 되어서 동물을 덥석 물면
뼛속까지 뚫렸어요. 먹이를 물면 죽을 때까지
흔드는 포악한 성질을 지녔어요. 뒷다리가 크고
튼튼했으며, 앞발은 무척 짧지만

200킬로그램도 번쩍 들어올릴 수 있을 정도로
힘이 셌어요. 꼬리는 몸의 균형을 잡아주기도
했지만, 사냥감을
휘둘러 기절을
시키는
무기이기도
했답니다.

크아앙~

113

45 헤레라사우루스
Herrerasaurus

'헤레라' 라는 사람이 발견해서 '헤레라의 도마뱀' 이라는 뜻의 이름이 붙었어요.

트라이아스기에 살았던 공룡 가운데 가장 크고 힘이 센 공룡이에요. 두 발로 걸었는데 뒷다리가 길고 뼛속이 비어서 빠르고 날쌔게 움직였어요. 앞발은 짧지만 튼튼해서 먹잇감을 움켜쥘 수 있었어요. 청각이 발달해서 소리를 잘 들었으며, 몸부림치는 먹잇감을 톱니가 있는 날카로운 이빨로 꽉 물고 있을 정도로 턱이 강했어요. 사냥한 먹잇감은 통째로 꿀꺽 삼켰답니다. 만약 지금 이런 공룡과 함께 살고 있다면 어떨까요?

숲을 한가로이 거닐 생각은 꿈도 꾸지
못하겠지요?

쿵쾅쿵쾅~
초식 공룡

식물을 먹는 공룡이에요.
몸집은 크지만 머리는 작고, 목과 꼬리가
길어요. 쿵쿵쿵, 온순한 초식 공룡들을
만나 볼까요?

46 람베오사우루스

Lambeosaurus

이름은 '람베의 도마뱀' 이라는 뜻이에요.

공룡 화석 모으기를 좋아했던 캐나다의 '람베' 라는

사람의 이름을 붙인 거예요.

람베오사우루스는 머리 위에 볏이 달려 있었어요.

이 볏은 콧구멍과 연결되어 냄새를 맡는 데

이용되었어요. 또 짝짓기를 할 때 볏을 보고

짝을 고르기도 했어요. 오리처럼

넓적한 입과 많은 이빨로

나뭇잎이나 열매를

따 먹었어요.

네 발로 걸어 다니다가 육식 공룡이 공격을 하면
두 발로 재빨리 도망을 갔어요. 긴 꼬리는 달릴 때
몸의 균형을 잡아 주었답니다.

루펜고사우루스

Lufengosaurus

중국 운남성 루펜이라는 곳에서 화석이 처음
발견되어 '루펜의 도마뱀' 이라는 뜻의 이름이
붙여졌어요.
몸집은 컸지만 성질은 온순했으며,
머리는 작고 목은 길었어요.
이빨은 듬성듬성 나 있었지만, 앞니 가장자리는
톱니처럼 생겼었지요. 네 발로 걸었지만
키가 닿지 않는 높은 곳의 나뭇잎을
먹을 때는 뒷발로 섰어요.

냠냠냠

나뭇잎은
정말 맛있어!

48 마멘키사우루스

Mamenchisaurus

나 만큼 목이 긴 공룡 있으면
나와 보라고 해!" 틀린 말이 아니에요.

마멘키사우루스는 공룡 가운데 목이 가장 긴 공룡이랍니다. 목뼈가 19개나 되고, 목 길이만 15미터가 되었거든요. 몸무게는 17톤이나 되고요. 정말 거대한 공룡이지요? 몸집이 크니 먹이도 엄청 많이 먹었답니다. 주로 나무 꼭대기에 있는 잎을 훑어서 먹었어요. 씹지도 않고 삼킨 먹이는 돌을 삼켜서 소화를 시켰어요. 돌들이 서로 부딪치면서 음식물을 잘게 부수어 소화가 잘 되도록 만들었거든요. 무리를 이루어 살았는데, 다른 곳으로 자리를 옮길 때는 어른 공룡들이 새끼를 둘러싸고 움직였어요. 육식 공룡들이 공격을 해오더라도 새끼를 안전하게 보호하기 위해서였지요. 적이 공격을 하면 가늘고 긴 꼬리를 힘차게 휘둘러서 방어를 했답니다.

49 마이아사우라

Maiasaura

"우리 귀여운 아가들아, 무럭무럭
자라렴."이렇게 다정한
공룡은 누구일까요?
마이아사우라예요.
'착한 도마뱀' 이라는
뜻의 이름을 가지고
있는 마이아사우라는
해안가에 모여 살면서 서로서로
새끼를 돌보았어요.
둥지에 알을 낳고 알에서 새끼들이 건강하게
나오도록 정성을 들였어요. 알을 깨고 나온
새끼 마이아사우라는 둥지 근처에 모여

어미 마이아사우라가 물어다주는 먹이를 먹으며
자랐답니다. 마이아사우라는 주둥이 앞에 납작한
부리가 있어서 손쉽게 나뭇잎을 물어뜯을 수
있었어요. 또 이빨이 발달해서 나뭇잎을 비롯하여
질긴 나뭇가지나 열매 등도 먹을 수 있었답니다.
네 발로 걸었지만, 먹이를 먹을 때는 두 발로
서기도 했어요.

부경고사우루스

Pukyongosaurus

놀라지 말아요. 우리나라에도 공룡이 살았답니다.
알고 있다고요? 그럼 우리말 이름을 가진
공룡도 알고 있나요? 바로 부경고사우루스예요.
부경고사우루스는 '부경의 도마뱀' 이라는 뜻이에요.
부경대학교의 백인성 교수님과 연구진이 1999년
경상남도 하동군 금성면 갈사리 앞바다
돌섬에서 발굴해 이름을 붙였어요.
목이 길고, 몸무게가 30톤이나
되며, 머리에서 꼬리까지
20미터가 넘는

거대한 초식 공룡이에요.
주로 나뭇잎을 따
먹었답니다.

51 브라키오사우루스

Brachiosaurus

목이 긴 브라키오사우루스는 목 근육이
발달해서 목을 자유롭게 움직일 수

있었어요.

목 길이는 9미터, 키는 11미터나
되었지요. 머리는 작고 머리 꼭대기에
큰 콧구멍이 있었어요.

이 콧구멍으로 냄새도 맡고 찬 공기를
들이마셔 더운 몸의 온도를 낮추었어요.
이빨은 숟가락처럼 생겼는데 이빨 사이가 벌어져
있어 나뭇잎을 훑어 먹는 데 안성맞춤이었답니다.
몸집이 커서 하루에 2톤이나 되는 먹이를 먹었는데,
음식물은 돌멩이를 삼켜 소화시켰어요.
뒷다리는 크고 튼튼했으며, 발은 코끼리처럼
뭉툭했어요. 앞다리는 뒷다리보다 더 길고
가늘어서 빨리 뛰지는 못했답니다. 꼬리는 그다지
길지 않지만 육식 공룡이 덤비면 꼬리를 휘둘러서
자신의 몸을 보호했어요.

52 사우로펠타
Sauropelta

"덤빌 테면 덤벼. 난 끄떡도 하지 않을 테니까."

"감히 초식 공룡 주제에 사나운 육식 공룡에게

못하는 소리가 없구나. 에잇!"

누가 이렇게 겁이 없냐고요?

바로 사우로펠타예요.

사우로펠타는 목에서 꼬리까지 뾰족한

돌기가 있는 딱딱한 뼈 판이 몸을 덮고

있었어요.

또 어깨부터 옆구리까지 창처럼 뾰족한 가시가

나 있었지요.

몸이 빠르지 않은 사우로펠타에게

이 뼈 판은 든든한 방어 무기였어요.

하지만 배에는 뼈 판이 없어서 육식 공룡의 공격을
받으면 땅에 납작 엎드려 몸을 보호했답니다.
네 발로 걸었으며 목은 짧고, 주둥이 끝에는
부리가 있었어요.
앞다리는 뒷다리보다 짧았으며, 몸의 반이나되는
꼬리는 육식 공룡과 싸울 때 훌륭한 무기였답니다.

53 사우롤로푸스

saurolophus

공룡들은 참 모습이 다양해요.
사우롤로푸스는 머리 꼭대기에서
콧구멍까지 연결된 짧은 볏이
있었어요.
짝짓기를 할 때나 육식
공룡이 나타났을 때
이 볏으로 소리를
내어 신호를
보냈답니다.

특히 짝짓기 때는 코 부분을 부풀려서 눈에 잘
띄도록 했지요. 네 발로 걸었고, 코는 냄새를
잘 맡았으며, 이빨이 촘촘히 나 있어
나뭇잎이나 열매 등을 잘 씹어 먹었답니다.

54 살타사우루스

Saltasaurus

나는 눈 위에 콧구멍이 있어.

등에 울퉁불퉁한 뼈가 나 있어
갑옷공룡처럼 보이지만, 용각류 공룡이에요.
왜 그러냐고요?
목과 꼬리가 길고, 몸집이 크기 때문이지요.
머리는 브라키오사우루스와 비슷하고,
눈 위에 콧구멍이 있었어요.
못처럼 생긴 이빨로 나뭇잎을 훑어 먹었으며,
돌을 삼켜서 음식물을 소화시켰어요.
다리는 짧고 두툼했으며, 긴 꼬리를 힘차게
휘둘러 육식 공룡을 막아냈답니다.

센트로사우루스

Centrosaurus

"센트로사우루스, 너 정말 머리 크다."
"놀리지 마. 난 머리가 커도 목이 유연해서
마음대로 움직일 수 있어."
그렇답니다.
센트로사우루스는 몸집에 비해 머리가 아주
컸어요. 길이가 1미터나 되었거든요.
와, 그 모습을 한번 상상해 보세요.
머리 뒤쪽에는 목도리처럼
뼈로 된 장식이 있었고, 목장식
둘레에는 작은 돌기들이 나 있었어요.
목장식에는 안쪽으로 갈고리처럼
휜 뿔이 한 쌍 있고, 앞쪽에

또 한 쌍이 있었어요.

눈 위에도 뿔이 한 쌍 있고요. 또 코 위에는

47센티미터나 되는 뿔이 하나 있었어요. 앵무새

부리처럼 생긴 부리가 있고, 네 발로 걸었으며,

튼튼한 다리가 몸을 잘 받쳐 주었어요.

내 머리
크지?

56 스테고사우루스

Stegosaurus

스테고사우루스는
한번 보면 잊을 수 없을
거예요.
등을 따라 납작한 뼈 판이
10~11쌍이나 나 있었거든요.
이 뼈 판은 몸의 온도를 조절하거나,
적에게 겁을 주는 데 이용되었어요.
꼬리 끝에는 60센티미터나 되는 날카로운 가시가
4개 있었는데, 꼬리를 휘두르면 이 가시에 찔리고
말지요. 네 발로 걸었으며, 주둥이는 부리처럼
생겼고, 앞이빨이 없어서 낮은 곳에 자라는
연한 나뭇잎이나 열매를 먹었어요.

몸집에 비해 뇌가 아주 작아서 몸에 뼈 판을 가지고
있는 공룡 가운데 가장 머리가 나빴을 거예요.
하지만 성질은 아주 온순했답니다.

머리는 나빠도
성격은 온순해~

57 스테고케라스

Stegoceras

"내 박치기를 받아랏!" 공룡 가운데 박치기 선수가 있어요. 궁금하지요? 바로 스테고케라스예요.

내 박치기를 받아랏!

머리뼈가 두꺼운 스테고케라스는
적을 만나면 머리를 숙이고
전속력으로 달려가 '꽝' 하고
머리를 부딪쳤어요.
그래서 별명이 박치기 공룡이랍니다.
어릴 때는 작았던 머리뼈는 자라면서
점점 두꺼워지고 불룩 솟아올랐어요.
수컷의 머리뼈는 암컷보다 더 크고
두꺼웠어요.
몸이 날씬해서 빨리 움직일 수 있었고,
뒷다리는 길고 튼튼해서 두 발로
걸었어요.
하지만 앞다리는 짧아서 걷는 데
쓰이지는 않았답니다.

58 스티라코사우루스

Styracosaurus

뿔공룡이에요. 머리 뒤에 방패처럼 생긴 멋진 목장식이 있는 공룡이지요.

목장식에는 크고 날카로운 가시가 6개 달려 있고, 목장식 주위로 작은 가시가 빙 둘러 나 있었어요. 또 코 부분에는 코뿔소처럼 긴 뿔이 1개 있었어요. 아무리 사나운 육식 공룡도 목장식에 있는 가시와 코뿔 때문에 쉽사리 덤비지 못했어요. 무턱대고 덤볐다가는 날카로운 가시에 찔릴 수 있으니까요. 앵무새 부리와 같은 좁은 부리를 가지고 있었고, 턱이 강해서 나뭇가지도 잘 먹었어요.

네 발로 걸었으며,
짧지만 강한 다리로
달리기도 잘했답니다.

59 안킬로사우루스

Ankylosaurus

"와, 너는 근사한 갑옷을 입고 있구나.
정말 멋지다! 이름이 뭐니?"

조심해! 내 꼬리에
맞으면 뼈가
으스러진단다.

144

멋진 갑옷을 입은 공룡은 안킬로사우루스예요.
뼈로 된 판이 머리에서 꼬리까지 온몸을
뒤덮고 있었답니다.
갑옷 위에는 뾰족뾰족한 가시가 있어서 몸을
보호해 주었지요.
하지만 배에는 갑옷이 없어서 다른 동물의 공격을
받으면 땅에 납작 엎드려서 배를 보호했답니다.
꼬리 끝에 커다란 뼈가 뭉쳐진 단단한 곤봉이
있었어요. 어찌나 단단한지 힘차게 휘두르는
곤봉에 한번 맞으면 뼈가 으스러진답니다.

갑옷 공룡 가운데 가장
컸으며, 공룡이 모두
사라질 때까지 지구에
살았어요.

60 에드몬토니아

Edmontonia

갑옷공룡이에요.
머리에서부터 꼬리 끝까지
뼈 판이 덮고 있었어요.

옆구리의 가시는
무기로 사용하지.

목 뒷부분은 뼈 판 위에 크고 납작한 뼈 판이 덮고
있고, 등부터 꼬리까지는 뼈 판 위에 작지만
날카로운 가시가 돋아 있었어요.
또한 옆구리에는 커다란 가시가 있어서 육식
공룡과 싸울 때 무기로 사용했어요.
꼬리 끝에는 안킬로사우루스와 같은 곤봉은
　　없었어요. 먹이는 낮은 식물을 부리로 뜯어
　　　　어금니로 씹어 먹었어요.

오우라노사우루스

Ouranosaurus

머리가 길고, 주둥이는 넓적한 부리여서
식물을 뜯어 먹기에 안성맞춤이었어요.
등에는 가시 같은 뼈가 돋아 있어 마치 돛을
달고 있는 것 같았지요. 이 돛은 햇빛의 열을
흡수하거나 열을 몸 밖으로 내보내서 몸의
온도를 조절하는 일을 했답니다.
놀랍게도 앞발이 사람 손처럼 생겨서 물건을
쥘 수 있었으며, 몸집이 큰데도 빨리 달릴
수 있었어요. 빨리 달릴 때는 꼬리가 몸의 균형을
잘 잡아 주었답니다. 두 발로 걸었지만, 네 발로
걸을 때도 있었어요.

62 이구아노돈

Iguanodon

공룡 가운데 제법 유명한
공룡이에요. 공룡 가운데서
두 번째로 이름이 붙여졌고,
세계 곳곳에서 화석이 발견되어
학자들의 관심을 많이 받았거든요.
처음 이 공룡의 이빨 화석을 발견했을 때
이구아나의 이빨과 비슷해서 '이구아나의 이빨'
이라는 뜻의 이구아노돈이라는 이름을 갖게
되었어요. 이구아노돈은 몸집이 크고 튼튼했으며,
주둥이에는 단단한 부리가 있었어요.
평평한 이빨로 나뭇잎이나 열매를 먹었으며,
코는 냄새를 잘 맡았답니다. 두 발로 걸었지만

네 발로 걷기도 했어요. 앞발 엄지발가락에는
뾰족한 발톱이 있어서 육식 공룡과 싸울 때 무기로
사용했어요. 성질은 온순했으며, 여러 마리가
무리를 지어 살았답니다.

63 친타오사우루스
Tsintaosaurus

내 벗 정말 멋지지?

152

"저기 친타오사우루스 간다!"

"어디? 쟤가 친타오사우루스인지 어떻게 알아?"

친타오사우루스는 멀리서 봐도 한눈에
알아볼 수 있어요. 이마에 긴 볏을 달고
있었거든요.

두 눈 사이에 솟아 나 있는 볏은 끝이 양쪽으로
갈라져 있었어요. 하지만 뼈가 아니어서
무기로는 사용하지 못했답니다.

친타오사우루스는 오리처럼 넓적한
부리로 나뭇잎을 따 먹으며 같은
공룡끼리 무리를 지어
살았어요.

성질도 온순했답니다.

64 코리토사우루스
Corythosaurus

코리토사우루스는 좀 특별해요.
놀랍게도 화석에 피부 흔적이 남아 있는
공룡이거든요.
머리 위에는 헬멧처럼 둥근 볏이 솟아 있었어요.
그래서 이름도 '헬멧 도마뱀'이라는 뜻을 가지고
있지요. 볏은 콧구멍과 연결되어 있는데 속이 비어
있어서 숨을 들이쉬고 내쉴 때 소리가 났어요.
육식 공룡이 나타나면 이 소리로 같은 공룡들에게
신호를 보냈답니다. 볏은 짝짓기를 할 때 암컷에게
잘 보이거나 육식 공룡에게 겁을 주는 데 쓰였어요.
등에 힘줄이 있어서 등을 지탱해 주었으며, 피부에
작고 둥근 뼈 판이 있어서 몸을 보호해 주었어요.

눈이 좋아 먹이나 적을 잘 발견했으며, 주둥이가
부리처럼 생겨 나뭇잎이나 줄기를 자르기 쉬웠어요.
이빨 또한 600여 개나 되어 질긴 식물도 잘 씹을 수
있었답니다. 평소에는 두 발로 걸었지만
네 발로도 잘 걸었어요.
앞다리는 뒷다리보다 짧은데, 앞발에
물갈퀴가 달려 있었어요.
뻣뻣한 꼬리는 몸의
균형을 잡아
주었답니다.

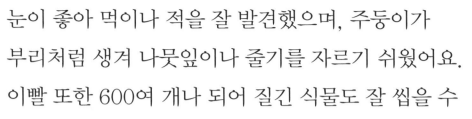

65 파라사우롤로푸스

Parasaurolophus

코와 연결된 긴 관이 머리 뒤쪽까지 있었어요.
관 길이는 1미터가 넘었지요.
속이 비어 있어서 코로 공기가 드나들 때
소리를 만들 수 있었어요.
또 이 관이 있기 때문에 서로를 쉽게 알아볼 수
있었어요. 신기하게도 목을 뒤로 젖히면 관이
딱 들어맞는 홈이 등에 있었어요.
주둥이는 오리처럼 넓적하게 생겼고, 작은
이빨이 빽빽이 나 있어 식물을 잘 씹어 먹을
수 있었어요.
긴 꼬리는 커다란 몸을 잘 가눌 수 있게 해
주었답니다. 두 발로 걸었지만 가끔은 네 발로

걷기도 했어요.
육식 공룡이 덤비면 특별히 몸을 보호할 무기가
없었어요. 대신 커다란 몸집 자체가 방어
무기였답니다.

파키케팔로사우루스

pachycephalosaurus

"야, 우리 박치기로 승부를 겨뤄 보자!"
자신만만하게 도전장을 내민 공룡은 바로
파키케팔로사우루스!
머리뼈가 얼마나 크고 단단한지 박치기공룡 가운데
최고예요. 이 단단한 머리뼈는 육식 공룡에게 몸을
지키기 위한 방어 무기였답니다.
불룩 솟아 있는 머리뼈는 두께가
25센티미터나 돼요. 하지만 그 속에 담긴
뇌는 호두알만 했답니다.
뇌가 이렇게 작았다면 그다지 영리하지는
않았겠지요? 박치기는 암컷을 차지할 때나 무리의
대장을 뽑을 때 힘을 겨루기 위해 했어요.

주둥이 끝에는 단단한 부리가 있고, 이빨은 작지만
톱니가 있어서 나뭇잎이나 열매를 잘 먹을 수
있었답니다. 꼬리는 뻣뻣했지만 몸의 균형을 잡아
주었고, 뒷다리는 길고 튼튼했으며 앞다리는 짧았어요.
튼튼한 뒷다리로 걸었는데 빨리 달리기도 했어요.
뒷발은 발가락이 3개, 앞발은 발가락이
    5개였어요.

67 프로토케라톱스

Protoceratops

머리 뒤에 뼈로 된 장식 판이 있는 뿔공룡이에요.
모래에 얕은 구멍을 파고 알을 낳았는데,
몽골에서 발견된 이 공룡의 알이 최초로
발견된 공룡 알이었어요.
코 위에 뾰족한 혹이 하나 있고, 부리는 앵무새
부리처럼 생겼으며, 턱은 무척 튼튼했어요.
위턱 앞쪽에 뾰족한 이빨이 두 개 있고,
입 안쪽에는 튼튼한 이빨들이 있어서 질긴
나무줄기를 먹기에 안성맞춤이었어요.
질긴 먹이를 먹다 이빨이 빠지면 그
자리에 새 이빨이 났기 때문에
아무 걱정 없었어요.

다리는 길고 튼튼해서 빨리 달릴 수 있었어요.
걸음은 네 발로 걸었답니다.

내 알이
최초로 발견된
공룡 알이야.

68 프시타코사우루스

Psittacosaurus

뿔공룡이지만 뿔이나 머리 뒤의 목장식은
발달하지 않았어요. 단지 머리 뒤에 조금 튀어나온
뼈가 있었어요.
앵무새처럼 짧고 두꺼운 머리와 앵무새
부리처럼 생긴 커다란 주둥이가 있었어요.
주둥이는 무척 단단해서 나무줄기나
식물의 뿌리도 잘 잘라 먹었어요.
삼킨 음식물은 돌을
삼켜서 소화시켰어요.
긴 뒷다리로 빨리 달렸으며 긴 발가락과
발톱으로 땅을 파는 재주가 있었어요.
앞발은 짧았는데, 발가락이 가늘고 긴데다

날카로운 발톱이 있어서 먹잇감을 쥐기 쉬웠어요.
앞발가락은 다른 뿔공룡들이 5개인 것과
달리 4개였어요.

69 플라테오사우루스

Plateosaurus

트라이아스기에 살았던 공룡 가운데 가장
큰 공룡이에요. 머리는 작고 목은 길었어요.
코는 냄새를 잘 맡았으며, 이빨 가장자리에
톱니가 있어서 질긴 나무줄기도 잘 먹었어요.
대량으로 먹은 질긴 음식물은 쉽게 소화를
못 시켜 돌을 삼켜서 소화를 시켰어요.
돌들이 서로 부딪치면서 음식물을 잘게
갈아 주었거든요. 네 발로 걸었지만
뒷다리로 일어서기도 했어요. 앞다리는
짧지만 튼튼했으며, 엄지발가락이
낫처럼 생겨 육식 공룡과 싸울 때 방어
무기로 쓰였어요.

길고 두꺼운 꼬리는 육식 공룡과
싸울 때 채찍 처럼 휘둘러 무기로
사용했으며, 큰 몸의 균형을
잡아 주었어요.

70

헤테로돈토사우루스

Heterodontosaurus

몸집이 칠면조 크기만 한 공룡이에요.

이빨이 초식 공룡과 육식 공룡의 특징을 모두

가지고 있었어요. 그래서 이름도 '서로 다른 이빨을

가진 도마뱀'이라는 뜻이랍니다. 앞이빨은 육식

공룡처럼 날카롭고, 뒤쪽에는 식물을 잘 갈아 으깰

수 있는 어금니가 있었어요.

이렇게 특이한 이빨은 헤테로돈토사우루스가

잡식 공룡에서 초식 공룡으로 진화하는

중간 단계의 공룡이었음을 말해 준답니다.

또 하나 더, 수컷은 큰 송곳니가 위아래로 나

있었어요. 암컷을 차지하려고 수컷끼리 싸울 때나

육식 공룡과 싸울 때 무기로 사용했답니다.
뒷다리가 길고 튼튼해서 빨리 달렸으며,
앞발가락이 길어서 먹이를 잘 잡았어요. 날카로운
앞발톱으로는 식물의 뿌리를 캐내어 먹었답니다.

난
몸집이 작아.

71

힙실로포돈

Hypsilophodon

몸이 작고 아주 재빠른 공룡이에요. 내세울
만한 방어 무기가 없는 대신 적이 나타나면
재빨리 달아나는 능력이 뛰어났어요.
부리 모양의 주둥이는 단단하고 턱이 강해서
나뭇잎을 잘 물어뜯었어요.
어금니는 나뭇잎 모양이어서 식물을 잘게
으깨기에 알맞았어요. 얼굴에는 뺨이 있어서
먹이를 안에 넣고 씹을 때 흘리지 않고 씹을 수
있었답니다.
두 발로 걸었으며, 넓적다리보다
정강이가 길어서 성큼성큼
걸었어요. 육식 공룡이 나타나면 재빨리 몸의
방향을 바꿔 도망을 갔는데, 이때 길고 딱딱한
꼬리로 몸의 균형을 잡았어요.

72 노토사우루스

Nothosaurus

"너는 바다에서 사니, 땅에서 사니?"
노토사우루스라는 이름은 '거짓 도마뱀'이라는
뜻이에요. 트라이아스기 말기에 살았던
바다 도마뱀이랍니다.

와~
다리도 있네!

바다에서 살았지만 다리가 튼튼해 땅에
올라와 알을 낳기도 했어요. 바다에서는 긴 목과
긴 꼬리를 힘차게 움직여 헤엄을 쳤어요.
특히 발가락 사이에 물갈퀴가 있어서 헤엄을 잘
쳤답니다. 생김새는 물개와 비슷했어요.
머리는 폭이 좁고 평평했으며, 목은 길었어요.
긴 주둥이와 날카로운 이빨 덕분에 미끄러운
물고기도 쉽게 물 수 있었답니다.

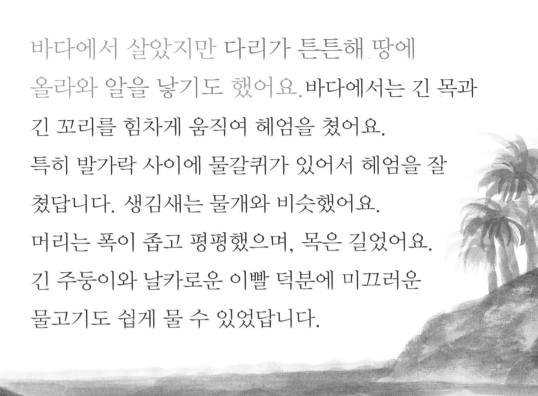

난 다리가
있어서 땅에도
올라갈 수 있어.

73 디모르포돈

Dimorphodon

익룡으로 몸집은 그리 크지 않았어요. 바닷가에서
살며 작은 물고기와 곤충을 잡아먹었지요.
피부로 된 뺏뺏한 날개를 활짝 펴고 하늘을
훨훨 날았지만 네 발로 걷기도 했어요.
날카로운 앞발톱과 뒷발의 다섯 번째 발가락
덕분에 나무를 움켜잡고 기어 올라가기 쉬웠어요.
몸에 비해 머리는 컸지만 가벼웠으며, 주둥이는
뭉툭했어요. 입 앞쪽에는 날카로운 이빨이 있고,
안쪽에는 작은 이빨이 있어서 곤충을 잡아먹기
좋았어요. 목은 짧았는데 목 안에 공기주머니가
있어서 몸이 가벼웠답니다.

뼈로 된 가늘고 긴 꼬리가 있었는데,
꼬리 끝에 마름모 모양의 날개가 있었어요.
이 날개로 방향을 바꾸고 하늘을 날 때
몸의 균형을 잡았답니다.

74 모사사우루스

Mosasaurus

"으악, 모두 피해! 바다의 사냥꾼이 나타났어!"
중생대 때 가장 무서운 바다의 사냥꾼은
모사사우루스였어요. 모사사우루스는 머리와
몸이 도마뱀을 닮은 아주 큰 바다 도마뱀이랍니다.
이 도마뱀은 땅에서 살았는데, 점차 바다에서 살
수 있게 몸이 진화했어요. 그래서 생김새는 물고기
같지만 뼈 구조는 도마뱀을 닮았답니다. 다리는
지느러미발로 변했고, 피부는 비늘로 덮여 있었지요.
길고 유연한 몸으로 몸을 좌우로 구부리며 헤엄을
쳤어요.

도망가자!

입을 벌리면 1미터나 되었고, 이빨도 무척
날카로웠어요.
또 혀는 도마뱀처럼 끝이 갈라졌답니다. 물속의
어룡이나 오징어, 큰 물고기
등을 마구 잡아먹었고,
알도 바다에서 낳았답니다.

어딜 도망가!

75 엘라스모사우루스

Elasmosaurus

목이 아주 긴 수장룡이에요.

목 길이가 무려 8미터나 되었지요.

긴 목을 유연하게 움직여 바닷속 물고기나

물 위를 날아다니는 익룡을 잡아먹었어요.

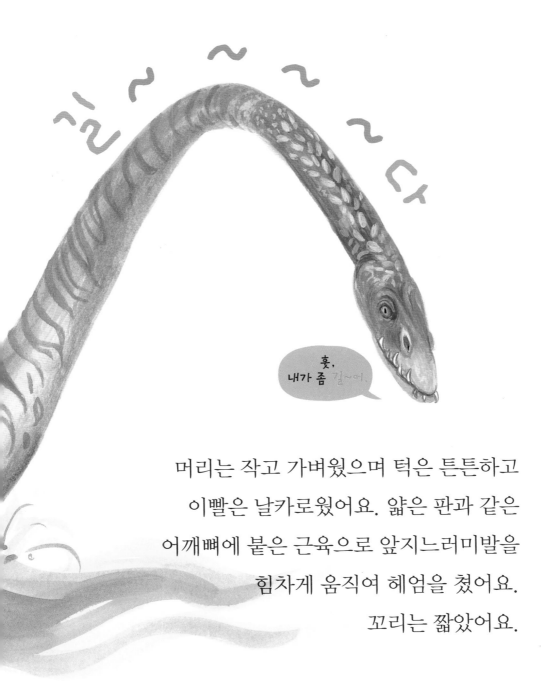

머리는 작고 가벼웠으며 턱은 튼튼하고
이빨은 날카로웠어요. 얇은 판과 같은
어깨뼈에 붙은 근육으로 앞지느러미발을
힘차게 움직여 헤엄을 쳤어요.
꼬리는 짧았어요.

76 케찰코아틀루스
Quetzalcoatlus

"오늘은 먹이를 찾아
멀리 날아가 볼까?"
케찰코아틀루스는 익룡 가운데
가장 크고 무거웠어요.
두 날개를 활짝 펴면 폭이 12미터나 되었지요.
날개가 워낙 커서 새처럼 날갯짓을 하지는
못하고 행글라이더처럼 높은 곳에서 바람을
타고 날았어요.
늪가에 살았으며, 눈이 좋아서 높이 날아오른
상태에서도 먹잇감을 잘 찾았어요.
머리는 작았고, 목은 길었으며, 이빨은 없었어요.

난 눈이 좋아서
멀리있는 먹잇감도
잘 찾을 수 있어.

꼬리는 아주 짧았으며, 몸 전체에 짧은 털이
나 있어서 몸을 따뜻하게 해 주었어요.
늪가에 살며 긴 부리로 물고기를 잡아 꿀꺽
삼켰어요.

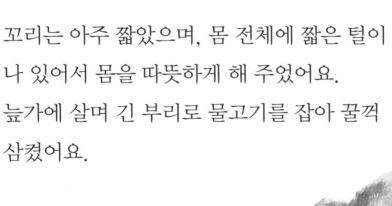

77

크로노사우루스

Kronosaurus

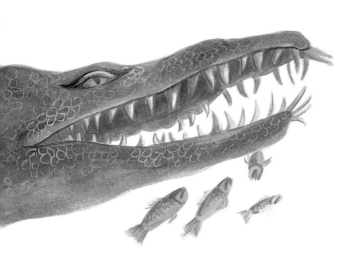

수장룡 가운데 가장 크고 힘이 셌어요.

턱이 무척 튼튼하고, 입과 이빨이 컸어요. 가장 큰

이빨은 25센티미터나 되었지요.

큰 입을 쩍 벌리고 지나가던 커다란 물고기와

바다 파충류들을 콱 물어 사정없이

잡아먹었어요. 머리가 전체 몸 길이의 3분의 1이나

될 정도로 긴 대신 목은 아주 짧았어요.

다리가 변해서 된 지느러미발을 힘차게 움직여

헤엄을 쳤어요. 뒷지느러미발은 앞지느러미발보다

컸으며, 꼬리는 짧고 끝이 뾰족했어요.

78

테레스트리수쿠스

Terrestrisuchus

트라이아스기 후기에 살았던 파충류예요.
머리뼈와 앞다리뼈가 초기 악어류와 비슷해요.
날렵한 몸매를 가지고 있었으며,
다리와 꼬리가 길었어요.

특히 몸에 비해 꼬리가 길었어요.
몸 길이가 50센티미터인데, 꼬리가 머리와 몸의
길이를 합친 것보다 두 배나 될 정도였어요.
악어가 엉금엉금 기어서 다닌 것과 달리
테레스트리수쿠스는 뒷다리가 길어서 네 발로 서서
걸어 다녔어요.
좋아하는 먹이는 곤충이나 작은 동물이었답니다.

79 프테라노돈

Pteranodon

익룡 가운데 가장 유명해요.
머리 뒤에 머리 길이의 절반이나 되는
긴 볏이 있었어요. 삼각형
모양의 이 볏은 하늘을
날 때 방향을 잡아 주었어요.
볏은 수컷의 것이 암컷의
것보다 더 컸는데, 다른 수컷에게
자신을 돋보이게 해 겁을 주고, 암컷에게
잘 보이기 위해서였지요.

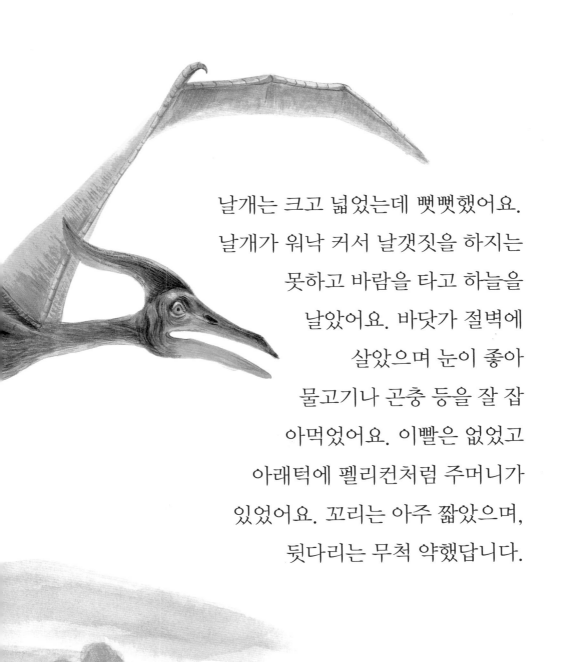

날개는 크고 넓었는데 뻣뻣했어요.
날개가 워낙 커서 날갯짓을 하지는
못하고 바람을 타고 하늘을
날았어요. 바닷가 절벽에
살았으며 눈이 좋아
물고기나 곤충 등을 잘 잡
아먹었어요. 이빨은 없었고
아래턱에 펠리컨처럼 주머니가
있었어요. 꼬리는 아주 짧았으며,
뒷다리는 무척 약했답니다.

80 해남이크누스

Haenamichnus

해남이크누스! 반가운 이름이네요.
바로 우리나라에 살았던
익룡이거든요.

전라 남도 해남에서 발자국을 처음 발견해서
우리말 이름이 붙여졌어요.

해남이크누스는 아시아에서 맨
처음 발견된 익룡이랍니다.
날개를 활짝 편 폭이 12미터이고,
몸무게는 70킬로그램 정도
되었어요. 이 정도면 경비행기와
맞먹을 정도의 크기랍니다.
네 발로 걷기도 했지만, 날개를 활짝
펴고 훨훨 날아다녔어요. 좋아하는
먹이는 물고기였답니다.

물고기야
어디 있니?

189